Julien Thoulet

L'Océanographie

Le savoir en poche

 Le code de la propriété intellectuelle du 1er juillet 1992 interdit en effet expressément la photocopie à usage collectif sans autorisation des ayants droit. Or, cette pratique s'est généralisée dans les établissements d'enseignement supérieur, provoquant une baisse brutale des achats de livres et de revues, au point que la possibilité même pour les auteurs de créer des œuvres nouvelles et de les faire éditer correctement est aujourd'hui menacée. En application de la loi du 11 mars 1957, il est interdit de reproduire intégralement ou partiellement le présent ouvrage, sur quelque support que ce soit, sans autorisation de l'Éditeur ou du Centre Français d'Exploitation du Droit de Copie , 20, rue Grands Augustins, 75006 Paris.

ISBN : 978-1546634805

10 9 8 7 6 5 4 3 2 1

Julien Thoulet

L'Océanographie

Table de Matières

Introduction	*6*
Section I	*7*
Section II	*17*

Introduction

Une science nouvelle a fait récemment son apparition et commence à être connue. À vrai dire, elle n'est pas absolument nouvelle ; elle est vieille de près de deux siècles avec son but défini, ses procédés d'investigation, ses lois déjà connues, l'indication des découvertes qui lui restent à accomplir, son individualité didactique pour tout dire d'un seul mot. Mais elle n'était guère l'objet jusqu'à ces derniers temps, que de recherches personnelles, et comme elle n'était étudiée que par quelques spécialistes, elle restait à peu près ignorée du public.

Cette science est l'océanographie : elle se propose de constater les phénomènes s'accomplissant au sein de l'immense masse d'eau qui couvre plus des trois quarts de notre globe, elle les mesure, les explique, découvre et formule les lois qui la gouvernent, à sa surface et au fond d'abîmes qu'on appelait autrefois insondables, alors qu'on croyait à l'insondable. Aujourd'hui, l'océanographie progresse à pas de géant ; les nations maritimes contribuent toutes à son développement aussi bien au point de vue théorique, pour le plus grand bénéfice de l'esprit humain qui a le droit et le devoir de chercher à tout connaître, qu'au point de vue pratique des avantages matériels qu'on en retire, car la lutte entre l'homme et la nature, devenue toujours plus âpre, oblige impérieusement à ne laisser aucune force improductive. En océanographie, la France a créé ; elle a fait d'importantes découvertes, puis elle s'est arrêtée et elle a laissé à d'autres le soin de continuer l'œuvre, oubliant même ceux de ses enfants dont elle tenait des mérites qu'elle ignorait et dont on s'emparait ailleurs. Maintenant que les étrangers ont pris une avance qu'il est impossible de méconnaître, il semble qu'elle commence à se douter du temps et du terrain perdus. Elle est certes, si elle le veut, en état de les regagner promptement.

Nous allons exposer en quoi consiste l'océanographie, montrer les rapports étroits qu'elle présente avec les autres sciences, son utilité théorique et pratique ; nous raconterons l'histoire abrégée de ses progrès depuis ses débuts jusqu'au moment où elle est devenue un ensemble bien complet, exposé clairement coordonné de faits examinés avec soin, de phénomènes mesurés et expliqués. Nous dirons quelques mots sur ce qui, dans cet ordre d'idées, a été exécuté par les diverses nations avec le caractère que leur tempérament particulier, les conditions de leur passé et de leur présent, ont imprimé à leurs travaux. De même, en effet, que chaque homme marque chacune de ses actions, au physique comme au moral, d'un cachet spécial qui est l'empreinte de sa personnalité ainsi dans le domaine de la science, chaque race imprime à son œuvre, fruit de son esprit collectif, une empreinte qui lui est propre et constitue l'essence même de son génie.

Section I

L'océanographie est l'étude de la mer. L'océanographie statique s'occupe de l'eau salée considérée indépendamment des mouvements qui s'y manifestent ; elle traite successivement de la topographie du lit des océans et de la constitution même de ceux-ci, de leur lithologie ; elle analyse les eaux, examine leur composition et leur influence sur la nature des fonds, leurs multiples propriétés physiques, la façon dont elles subissent les effets des variations de la température, leur densité, leur compressibilité, le mode de propagation de la lumière à travers leurs couches superposées et les divers phénomènes optiques. Les glaces polaires forment un chapitre de l'action du froid sur la mer.

En océanographie dynamique, on étudie l'océan en mouvement, les vagues qui, sous le souffle des vents en agitent la surface, les courants qui, semblables au réseau des artères et des veines, en sillonnent la masse jusqu'à une certaine profondeur et résultent de l'action simultanée de la chaleur, de l'évaporation, de la topographie du fond, de la configuration géographique des continents environnants, du climat, du régime des vents, en un mot de l'ensemble des causes extérieures quelles qu'elles soient qui possèdent toutes une influence et inversement sont toutes influencées, cycle où tout commence et où tout finit, et qui, aussitôt qu'il cessera d'exister, marquera l'instant de la mort de notre planète, pareille au corps humain lorsque le cœur a donné son dernier battement. L'océanographie dynamique comprend aussi l'étude des marées dont les mouvements rythmés s'accordent avec ceux des astres ; l'examen des procédés par lesquels les débris des continents entraînés par les vents ou amenés par les fleuves parviennent au grand réservoir commun, se dispersent au milieu de ses eaux, descendent en pluie jusqu'au plus profond des abîmes, s'y accumulent pour y constituer des roches analogues à la plupart de celles que nous rencontrons maintenant sur nos continents et qui sont le fond des océans d'autrefois. Elle s'occupe des phénomènes de contact entre la mer et la terre, elle cherche les lois qui président à la formation des deltas ou des barres qui s'étendent à travers l'embouchure des fleuves, au comblement des estuaires, à la façon dont les vagues et les courants découpent les contours des rivages, aux dunes, aux étangs côtiers et à ces constructions madréporiques, atolls et îles de corail, conquêtes de la vie organique sur la vie inorganique, triomphe de l'infiniment petit, le zoophyte, sur l'infiniment puissant, l'océan.

L'océanographie touche donc, directement ou indirectement, à une foule de sciences et plus qu'à toute autre, à la géologie. Le présent est à la fois la clé du passé et celle de l'avenir, surtout en histoire naturelle. L'homme, dans ses investigations, procède du connu à l'inconnu, de ce qu'il est capable de voir de ses yeux, de toucher de ses mains, de mesurer avec ses instruments, à ce dont il ne peut plus apercevoir que les résultats ; des phénomènes auxquels il assiste à ceux qui se sont accomplis des milliers de siècles avant lui. Longtemps la géologie s'est traînée dans une sorte d'ornière dont l'océanographie la force à sortir, peut-être même un peu contre son gré. Vieilles gens et vieilles sciences ont leurs habitudes et n'aiment point à en changer ; mais, plus heureuses, les vieilles sciences peuvent rajeunir.

Les roches sont d'origine ignée ou métamorphique et sédimentaire. Les premières sont l'objet des recherches d'une science spéciale, la pétrographie, qui étudie leur nature intime et l'ensemble des connaissances qui se rapportent aux phénomènes éruptifs. La stratigraphie s'occupe des roches d'origine aqueuse, et comme la genèse de celles-ci est intimement liée à l'ordre de leur superposition, les stratigraphes, dans leurs investigations, sont amenés à ne point séparer l'examen de la nature intime des couches sédimentaires et celui de leur ordre de superposition. Or celles-ci ayant été formées sous les eaux, rien n'est mieux en état d'éclairer sur leur genèse que l'observation de la manière dont elles se créent actuellement au fond de nos océans. La tâche concerne l'océanographie, et elle s'y applique avec ardeur. Quand on connaîtra les caractères particuliers des formations de rivages ou de mer profonde ; lorsque l'observation attentive et la mesure exacte des phénomènes actuels aura enseigné, pour prendre un exemple, la relation nécessaire entre la forme et la dimension d'un grain de sable et la vitesse exacte du courant qui l'a entraîné, suspendu par la poussée même des eaux, — et alors il est anguleux, — ou simplement roulé sur le fond contre les autres grains, — et dans ce cas il est usé et arrondi ; — dès que la présence reconnue par dosage d'une proportion fixe d'argile au sein d'un dépôt sableux aura permis de conclure en vertu de lois physiques et mécaniques que ce dépôt s'est formé en eau calme ou agitée, que des mesures nombreuses et répétées en divers endroits des océans auront établi la généralité de ces relations, c'est-à-dire en auront fait des lois, nous serons en état de reconstituer le passé. Il suffira de retrouver les mêmes caractères dans un dépôt ancien pour être en droit d'invoquer les relations établies. On affirmera que le point où se rencontre le dépôt était jadis par telle ou telle profondeur d'eau, à telle distance du rivage. Si plus tard d'autres sciences viennent apporter leur concours et signaler de nouvelles relations, tous les détails apparaîtront les uns après les autres. On retrouvera la dimension et la forme de la mer Silurienne, Carbonifère ou Crétacée, la force de ses vagues, la salure, la température de ses eaux, l'intensité et la direction de ses courants, sa flore et sa faune. Ainsi n'ayant pour fondation qu'un seul grain de sable observé au microscope et qui, grâce à l'océanographie, aura fait le récit de tous les événements auxquels il a assisté, après des siècles de siècles, l'édifice apparaîtra ferme, solide, dans son entière magnificence. Et que l'on ne croie pas qu'il s'agisse ici d'un rêve scientifique aussi rempli de charme que d'incertitude ! Ces déductions offrent l'absolue et indiscutable rigueur des chiffres. Notre époque, après tant de découvertes inattendues, n'en est plus à douter que les plus grands des poètes ne soient quelquefois les savants.

Les lois de la météorologie présentent un important intérêt pratique parce qu'elles conduisent à la prévision du temps. Il n'est pas besoin de montrer le profit que trouverait l'humanité à pareille découverte. Combien de mauvaises chances évitées pour l'agriculteur ! La navigation ne ressentirait pas moins de bienfaits si l'on savait à l'avance les régions de calmes, de vents contraires ou favorables ; que de traversées abrégées, que de vies sauvées ! On en peut juger par les cyclones. Jadis l'effroi des marins, depuis que leurs lois sont connues, on les utilise pour hâter les voyages. L'ouragan dompté travaille pour le matelot, et quand on lui ordonne de ramener plus vite le navire au port, la tempête docile obéit et écarte les dangers de la route. Qui donc, parmi nos pères, eût osé faire un pareil rêve, réalisé cependant par les travaux de Bridet. Or les lois de l'océan aérien et de l'océan liquide sont les mêmes, quoique plus compliquées pour le premier que pour le second. Elles doivent par conséquent être étudiées synthétiquement d'abord sur la mer et appliquées ensuite à l'atmosphère, en y apportant les modifications nécessitées par le degré si différent de sensibilité des deux fluides. L'introduction rationnelle à la météorologie est l'océanographie. La vapeur a considérablement modifié et simplifié les anciennes conditions de la navigation, et les steamers s'avancent aujourd'hui presque en ligne droite en dépit du vent et de la mer. Cependant la marine à voiles n'est pas aussi morte qu'on serait tenté de le croire. Par suite des réactions mutuelles si délicates, si variables des conditions économiques, du prix élevé du charbon, du vaste espace occupé par les machines et l'approvisionnement du combustible, du salaire plus élevé des mécaniciens et pour d'autres causes encore, plusieurs nations en reviennent aux voiliers. Les Américains en particulier possèdent des clippers à grande vitesse, à bord desquels le fret est moins coûteux que sur les bâtiments à vapeur. L'étude des phénomènes de l'Océan n'a donc rien perdu de son utilité pratique en navigation et il devient indispensable d'élucider une foule de points. Les courants marins tiennent à la météorologie grâce à la concordance si complète qui existe entre la marche des eaux et les directions suivant lesquelles soufflent les vents réguliers. Ils règlent le régime des glaces flottantes. On sait combien les navires sont en péril sur les bancs de Terre-Neuve. Là viennent se fondre, au contact du Gulf-Stream chaud, les icebergs détachés des glaciers du Groënland et qui ont descendu la mer de Baffin emportés par le courant du Labrador ; ils y trouvent les glaces des côtes mêmes de l'île qui, au moment de la débâcle, déversent les matériaux qu'elles ont charriés presque au même endroit, dans le vaste remous des trois courants du Labrador, de Cabot et du Gulf-Stream. L'amoncellement des débris de roches constitue les bancs de Terre-Neuve.

Ces glaces ont un intérêt capital par les craintes qu'inspire leur rencontre, par les hauts-fonds qu'elles édifient en se fondant et enfin parce que l'air qu'elles refroidissent, arrivant en contact avec une atmosphère plus chaude et saturée de vapeur, donne naissance à d'épaisses brumes. Des centaines de sinistres seraient évités, d'énormes économies seraient réalisées pour le transport des marchandises, si l'on parvenait à connaître et à prévoir ces phénomènes. Les admirables *Pilot-Charts*, publiées chaque mois par le Bureau hydrographique de Washington, cherchent à résoudre empiriquement le problème en notant jusqu'à quelle latitude descendent chaque année les glaces, en observant leur nombre, et en établissant les probabilités d'après de longues moyennes d'observations. Les brumes dues à des causes analogues, c'est-à-dire aux courants marins, sont fréquentes dans les régions septentrionales ou même tempérées, sur la mer du Nord, la Manche et les côtes atlantiques de l'Angleterre et de la France ; partout elles sont l'effroi des marins : les navires y demeurent égarés. S'ils avancent, ils risquent de se jeter à la côte ou de heurter un autre navire ; s'ils demeurent immobiles, ils sont en danger d'être eux-mêmes heurtés, et en tous cas ils perdent du temps, denrée précieuse dont le prix augmente de jour en jour. Prévoir leur présence, ou, si l'on était pris par elles, être capable de découvrir sa route et de la suivre à coup sûr serait la conséquence immédiate du perfectionnement de l'océanographie.

Des tentatives ont d'ailleurs été faites et elles ont été couronnées de succès. La position d'un navire sur l'océan est fixée d'ordinaire à l'aide de coordonnées astronomiques. D'après la position observée d'un astre, étoile ou soleil, l'observateur calcule sa propre position à la surface des flots. Sachant où il est et où il va, rien ne lui est plus facile que de diriger sa route. Mais la condition indispensable est d'apercevoir l'astre, ce qui est impossible par le brouillard. Cette impossibilité est la cause de la plupart des naufrages. Cependant la position peut se déterminer autrement. Si l'on possède une carte dite bathymétrique, indiquant d'une manière très nette par des courbes d'égale profondeur la profondeur de l'eau en chaque point, et si l'on a, d'après une série de sondages et d'analyses préalables, dressé une autre carte montrant, pour le même espace de mer, la nature des différents fonds, ici du sable, là des vases de telle ou telle espèce, là des roches, il suffira que, du navire devenu comme aveugle au milieu des eaux, on donne un seul coup de sonde pour que la position soit fixée. La profondeur mesurée en restreindra la probabilité à l'aire pour laquelle la carte bathymétrique donne cette profondeur. Si d'autre part on a eu le soin de munir le plomb de sonde d'un système permettant de recueillir et de rapporter un échantillon du fond, on cherchera sur la carte lithologique l'aire couverte par ce genre de fond, et combinant cette indication avec la précédente, on deviendra presque certain de sa position. De belles applications de cette méthode ont été faites en France par le commandant de Roujoux et par le capitaine Trudelle pour les atterrages de diverses localités, la traversée de la Manche, l'entrée de New-York, du Havre, de Brest et les approches si dangereuses du cap Guardafui. Deux coordonnées océanographiques ont remplacé les coordonnées astronomiques. Le navire, à défaut de la vue, s'est servi du toucher. Dresser des cartes bathymétriques et lithologiques est un des objets principaux que se propose l'océanographie.

L'océanographie possède dans les pêches maritimes une application plus importante encore, s'il est possible, que la géologie, la météorologie et la navigation, car cette industrie touche à la vie même des nations. En France, nous avons 86 000 marins pêcheurs embarqués, mais plus de 200 000 personnes tirent de la pêche leurs moyens d'existence, directement ou indirectement, comme par exemple les ouvriers et ouvrières des fabriques de conserves.

Nombreux sont les animaux marins dont l'homme fait usage soit pour son alimentation, les poissons, les crustacés, certains mollusques tels que les huîtres et les moules, soit pour ses besoins de tous genres, les éponges, les perles, le corail, les grands cétacés, baleines ou cachalots, et les phoques dont il recueille l'huile ou la peau. Aucun être n'échappe à l'influence du milieu au sein duquel il habite et qui règle aussi bien son existence matérielle que ses habitudes, ses mœurs, ses facultés intellectuelles. Nulle part ces étroites relations ne s'aperçoivent d'une manière plus frappante que dans les eaux, probablement parce qu'elles s'y trouvent à leur état de plus grande simplification, ou, pour mieux dire, de moindre complication. Les lois de l'océanographie sont donc les bases rationnelles de la pêche devenue méthodique et par conséquent scientifique, et l'aquiculture est une sorte d'agriculture de la mer.

Dans l'accord entre l'être et le milieu ambiant, trois cas se présentent. Si l'accord est complet, l'être éprouvant au mieux la satisfaction de ses besoins, se développe et abonde ; s'il est médiocre, l'être qui souffre se fait rare ; si enfin l'accord est contraire, l'être disparaît soit par la fuite s'il possède, comme l'animal, le pouvoir de se déplacer, soit par la mort si, comme la plante, il est condamné à rester à la même place. L'être vivant traduit donc de trois façons les conditions du milieu : par sa présence, sa rareté ou son absence. Les dragages exécutés même dans les grands fonds démontrent d'une manière frappante l'extrême cantonnement des espèces animales parmi lesquelles les unes sont évidemment plus sensibles et les autres moins sensibles aux conditions ambiantes. Chacun de ces états résume un ensemble de conditions extérieures, physiques, chimiques ou mécaniques, et à ce titre l'animal, le végétal et même à un certain degré le minéral, constituent un instrument de mesure, gradué grossièrement il est vrai, parce que, si l'abondance ou l'absence sont relativement faciles à reconnaître, rien n'est plus vague et moins déterminable que les degrés de la rareté. Un poisson trouvé en une localité indique que l'eau possède une profondeur, une température, une salure comprises entre des limites fixes, une nature spéciale de fond, des courants de vitesse calculable. Tous ces détails sont impliqués dans le fait seul de la présence de l'être ou de son absence. La pêche est le problème consistant à savoir d'avance si en tel lieu, à telle époque, le poisson sera abondant, rare ou absent. La capture est pure affaire de métier. Les étrangers ont bien reconnu que l'étude des pêches était avant toutes choses celle des relations existant entre le milieu marin et l'animal, c'est-à-dire une question de zoologie dont la première base est la connaissance même du milieu, c'est-à-dire une question d'océanographie. Ils ont mis le principe en pratique dans leurs laboratoires et dans leurs administrations officielles en relevant en détail l'océanographie d'une région avant de s'y livrer aux recherches zoologiques. Il serait à souhaiter que l'axiome fût plus universellement connu. C'est une loi de bon sens, mais il n'est que trop vrai que ce sont les plus lentes à se répandre. Tout perfectionnement est une simplification, et les hommes qui demandent sans cesse la simplicité en sont comme épouvantés lorsqu'ils l'aperçoivent trop brusquement.

Mais si la présence ou l'absence d'un poisson est assez peu commode à déterminer, sinon par un essai long et coûteux, il n'en est pas de même des conditions du milieu qui peuvent s'apprécier et même s'évaluer en chiffres au moyen d'instruments : la température, par le thermomètre ; la densité et la salinité, par l'aréomètre ; la profondeur, par la sonde ; la nature du fond, par une analyse lithologique ou chimique. L'instrument offre l'avantage d'avoir une graduation parfaite comportant un nombre suffisant de degrés, et par suite une grande délicatesse d'indication. En revanche, il a l'inconvénient de ne renseigner que sur une seule des conditions de milieu dont l'être vivant résume l'ensemble. Il ne faut pas oublier que le but de la science est précisément de rechercher quelle est, parmi toutes les autres, l'influence la plus essentielle, et en outre, si un seul instrument ne suffit pas, rien n'empêche de recourir à plusieurs successivement. Il en coûtera toujours moins de peine et de temps, à un pêcheur, de mesurer une température, et ensuite, s'il est nécessaire, une transparence et même une densité, puis, selon les résultats, de se mettre en pêche avec de sérieuses probabilités de réussite ou de se retirer immédiatement, que d'envoyer à l'eau ses lignes et ses filets, jeter ses appâts presque au hasard afin de n'être renseigné qu'après une tentative prolongée, en constatant que le poisson donne ou ne donne pas. Le professeur H. Mohn, de Christiania, l'ancien chef de la belle expédition océanographique norvégienne du *Vöringen*, en 1876, a reconnu[1] qu'aux îles Loffoten la morue se tenait constamment dans la couche d'eau de température comprise entre 4 et 5 degrés. D'après ses instructions, un navire de l'État commandé par le

---

1 H. Mohn, *la Température de la mer et la pêche aux Loffoten* ; Christiania, 1889.

lieutenant de vaisseau G. Gade, est allé pendant une saison relever la position en profondeur de cette couche d'eau et vérifier les prévisions scientifiques. Le succès a été complet, et maintenant les pêcheurs norvégiens emploient le thermomètre en guise d'engin de pêche. Ils cherchent la couche à température de 4 à 5 degrés — et dont la profondeur est d'ailleurs variable non seulement selon la localité, mais encore, au même endroit, selon le moment, — et dès qu'ils l'ont trouvée, ils y envoient directement leurs lignes et pèchent à coup sûr. L'exemple est topique, il a été fourni par un savant éminent ; il a reçu et reçoit encore, à chaque saison, la sanction de la pratique et procure de véritables bénéfices aux pêcheurs. Combien ne serait-il pas à désirer que pareille étude fût faite sur les bancs de Terre-Neuve ou en Islande, j'entends d'une manière sérieuse, par une personne compétente, et, comme les Norvégiens, à bord d'un navire spécialement affecté à cette recherche !

On a exécuté d'autres expériences non moins intéressantes au laboratoire de pisciculture de Flödevig. Les Norvégiens vivent de la mer ; ils sont obligés de la cultiver, et, de fait, ils affirment être parvenus à la rempoissonner en morues. Leurs procédés sont maintenant appliqués à Terre-Neuve, chez les Anglais. On a observé que l'alevin de morue devait être élevé dans une eau ayant une température et une densité déterminées. Si l'eau est trop dense, le jeune poisson n'est pas assez fort pour en vaincre la résistance et chercher sa nourriture sur le fond ; si elle est trop légère, il atteint bien le fond, mais il a peine à s'y maintenir, tandis que si elle est dans les limites convenables, l'animal jouit de la liberté de ses mouvements, trouve la complète satisfaction de ses besoins, et se développe rapidement jusqu'au moment où, possédant toute sa vigueur, il cesse d'être sensible aux faibles variations du milieu ambiant et peut se nourrir dans la mer où on l'abandonne. L'élevage se fait donc à Flödevig dans des conditions parfaitement systématiques et scientifiques, pour le plus grand bénéfice de l'industrie.

Au laboratoire de Dildo, près de Saint-Jean de Terre-Neuve où l'on s'occupe du même rempoissonnement, le directeur, M. Nielsen,[2] reconnaît que l'eau des bassins d'élevage des morues mâles et femelles destinées à la reproduction, doit avoir de 4 à 7 degrés et que de jeunes morues bien vivantes dans une eau à zéro mouraient aussitôt que la température s'abaissait d'un demi-degré seulement.

Étant donnés le développement de la science et le progrès géné-

---

2 Dr Nielsen, *Annual Report*, 1893, p. 21 et 22.

ral, la guerre est devenue tellement difficile et effrayante dans ses conséquences pour les deux adversaires dont, en réalité, aucun ne sera jamais victorieux, qu'elle est à peu près impossible entre nations possédant une civilisation à peu près équivalente. Il importe donc aux peuples, s'ils veulent vivre et n'être point écrasés, pacifiquement mais complètement, par les autres peuples, leurs concurrents dans la terrible lutte pour la vie, d'utiliser au mieux les richesses de leur territoire. Si l'agriculture, maintenant scientifique, profite des travaux de savants qui l'ont transformée de recueil de recettes empiriques en science positive, si l'on cherche par la connaissance du sol, par une alternance convenable des diverses cultures, par des amendements appropriés, à tirer le meilleur parti d'un terrain, à lui faire produire un maximum de rendement, il doit en être de même pour la mer. Nous sommes, à ce point de vue, il faut bien l'avouer, dans un indiscutable état d'infériorité par rapport aux autres nations. Encore plongés dans une regrettable ignorance et insouciants des données scientifiques rigoureuses, nous ravageons nos côtes, et les statistiques montrent que la pêche est incapable de fournir le pain quotidien à ceux qui la pratiquent au prix de tant de peines, de fatigues, de dangers. Nous profitons de la mer comme les sauvages profitent de la terre lorsque, selon la comparaison célèbre, trouvant un arbre fruitier dans la forêt, ils l'abattent afin d'en recueillir les fruits. Nous ne possédons ni une carte complète et détaillée, même médiocre, des fonds marins, ni des notions précises sur les variations de température, de densité, de salure le long de nos rivages ; nous n'avons calculé l'apport en sédiment d'aucun de nos grands fleuves ; nous ignorons à quelle profondeur se font sentir les courants, et, sauf pour un très petit nombre de localités, quelle est leur direction de surface ; nous n'avons point idée des variations d'intensité qu'ils éprouvent aux diverses époques de l'année. Cette liste des données qui nous manquent ne serait que trop facile à allonger. Quelque remplies de bonne volonté que soient les mesures administratives, elles sont infructueuses si elles ne sont point l'intervention de l'autorité pour sanctionner l'application de mesures indiquées par la science. Comment s'étonner de la misère de nos pêcheurs et des conséquences fatales qui ne peuvent manquer d'en résulter pour le pays ? Le poisson forme un appoint important dans l'économie des nations. Selon des statistiques déjà un peu anciennes, et dont le temps a plutôt aggravé que diminué la portée, le monde pêche et consomme annuellement pour 2 milliards de francs de poisson.

L'industrie de la pose des télégraphes sous-marins dépend de l'océanographie dans la même mesure que la construction des chemins de fer ou des canaux dépend de la topographie et de la géologie continentales. Peut-être même la dépendance est-elle plus grande encore pour les télégraphes. La ligne ferrée et le câble suivent les contours du sol ; l'une et l'autre, pour des motifs analogues, doivent éviter les terrains trop accidentés, et la nature du fond possède une influence extrême. Sur certains fonds balayés par les courants, comme sur la crête Wyville Thomson, au nord de l'Écosse, le câble, soumis à de véritables vibrations sur les galets ou frotté par le passage continuel de ceux-ci entraînés par le mouvement des eaux, s'use et se brise quelle que soit la solidité de ses enveloppes. D'autres fois, par fonds volcaniques, près de la Grèce, par exemple, ou dans l'archipel de la Sonde, il éprouve des tensions résultant de dislocations du sol, de modifications de niveau qui le rompent.

L'atterrissage des câbles n'a pas moins d'importance. Les rochers surtout, quand ils sont situés dans la zone d'action des vagues et des marées, sont très dangereux. Si, au large, le terrain a toutes chances d'être uniforme, près des côtes il devient souvent irrégulier. Il présente des pentes abruptes ou de profondes découpures, des rechs, fentes étroites et limitées par des parois presque à pic, comme M. Pruvot en a découvert récemment, non pas dans quelque coin ignoré du Pacifique ou de l'océan Austral, mais dans le golfe de Lyon, à quelques milles du petit port de Banyuls, près de Port-Vendres. Un câble déposé en travers d'une pareille vallée est fatalement condamné à se rompre, et si la parfaite connaissance de la topographie du terrain ne vient éclairer sur la cause de l'accident, on sera tenté de renforcer son enveloppe, c'est-à-dire de l'alourdir, et par conséquent d'en provoquer plus sûrement la rupture subséquente. Ce n'est pas sans raisons que les compagnies anglaises ont à leur service une flotte de bâtiments télégraphistes spécialement aménagés pour ces études, montés par un personnel technique spécial, et sans cesse occupé à faire de l'océanographie. Elles se gardent évidemment de faire connaître les résultats obtenus et ne sont pas plus à blâmer de leur silence que des entrepreneurs de construction de chemins de fer, munis des profils détaillés d'une région sur laquelle on leur demande de construire une ligne, ne le seraient de cacher leurs documents acquis laborieusement et à grands frais, à des ingénieurs chargés de surveiller leur travail, de le payer et qui, de leur côté, persisteraient à rester dans l'ignorance de la topographie et de la géologie du pays. L'Angleterre tient le monopole de la construction des lignes sous-marines ; la France n'en possède qu'un petit nombre dont la plupart même ont été construites par des Anglais. Ce n'est pas tout que d'avoir des colonies au-delà des océans, il faut correspondre directement avec elles. Or nous sommes à la merci d'étrangers pour nos communications télégraphiques ; les événements de Siam et de Madagascar en fourniraient des preuves pénibles à enregistrer.

Section II

L'océanographie est une science rigoureuse appliquant aux phénomènes naturels de la mer les méthodes précises des sciences exactes, des mathématiques, de la mécanique, de la physique et de la chimie.

C'est une science d'expérimentation, de mesures, procédant par analyse et par synthèse dans le dessein final de se renseigner sur l'histoire actuelle de la terre et par suite sur son histoire passée et même sur son histoire future, parce que toute science qui est une découverte et un énoncé de lois est une prévision. L'océanographie est donc une branche de la géologie et, puisque les terrains stratifiés c'est-à-dire déposés au sein des mers, fabriqués par elles, entrent pour la grosse part dans la portion de la croûte terrestre directement accessible à nos investigations, on serait fondé à admettre que l'océanographie est la branche la plus importante de la géologie. Il est plaisant d'entendre raisonner sur les océans silurien, dévonien ou carbonifère vieux de milliers de siècles, discuter de leurs rivages, de leurs eaux ou de leurs courants tandis que nous savons encore si peu sur notre océan d'aujourd'hui à la surface duquel voguent nos vaisseaux, où nous plongeons nos corps, dont nos regards sont libres d'embrasser l'immense cercle, aux flots duquel nous mouillons, s'il nous plaît, nos lèvres, dont les vagues chantent à nos oreilles leur monotone et majestueuse harmonie, dont nous avons le pouvoir de prendre possession par tous nos sens.

Les considérations qui précèdent, nous permettent d'apprécier dans ses traits principaux la méthode employée en océanographie. L'application de l'expérimentation et de la mesure directe y semble, au premier abord, particulièrement difficile sinon impossible. Il n'en est rien. Si l'on s'en tenait à l'océan, il est certain que les phénomènes y sont plus que compliqués ; ils sont terribles ; et leur grandeur, à s'en rapporter aux apparences, les met bien au-delà de la puissance humaine. On serait donc hors d'état d'en aborder directement l'étude. Cependant, même les mystères de la mer sont forcés de se soumettre à l'expérimentation, à la condition de procéder graduellement et de passer par l'intermédiaire des lacs, océans en miniature, gouvernés par des lois analogues quoique moins compliquées et par conséquent plus faciles à découvrir et à vérifier. En océanographie, l'étude d'un phénomène devra passer par trois phases : on le constate sur l'océan, on le reconnaît, amoindri, sur les lacs, on l'étudie par synthèse dans le laboratoire, ce qui laisse trouver sa loi. Alors, prenant l'ordre inverse, ou cherche si la loi se vérifie sur les lacs et, en dernier lieu seulement, on revient à l'océan. On observe si la loi s'y vérifie et, en cas de modifications — ce qui existe le plus souvent — on en recherche les causes, on considère quels événements nouveaux sont intervenus qui étaient absents ou fortement atténués sur les lacs et dans le laboratoire. L'étude est maintenant complète et définitive puisque, s'il avait été nécessaire, on serait retourné dans le laboratoire où, riche des suggestions qu'aurait fait naître l'aspect du terrain, fort d'une première approximation, on serait parvenu à une précision plus grande, grâce à une nouvelle synthèse établie sur de nouvelles expériences. On procède du connu à l'inconnu et du simple au compliqué en revenant sur ses pas, s'il y a lieu.

On fait à la méthode expérimentale l'objection que les phénomènes en petit, tels que nous sommes capables de les produire dans le laboratoire, ne sont point la représentation identique, bien qu'à une échelle réduite, des phénomènes naturels. Le raisonnement s'appuie sur un malentendu ; tout prouve l'opinion contraire. Pourquoi un corps pesant, abandonné à lui-même, descendrait-il dans la mer autrement que dans un tube de quelques mètres de hauteur rempli d'eau salée ? Si des modifications sont apportées par la durée de la chute, la profondeur, la compression des couches d'eau et les autres circonstances, ces changements sont susceptibles d'être étudiés et évalués au moyen d'expériences séparées. C'est le mode général de résolution par courbes de l'équation unique à multiples variables d'un phénomène naturel. En admettant que dans certains cas, une seule expérience de laboratoire soit insuffisante pour représenter le phénomène, une série d'expériences dont chacune aura été instituée pour élucider l'action d'une des composantes du problème le représentera dans son ensemble. Quand, par exemple, on aura mesuré dans un tube de trois ou quatre mètres de longueur la durée de la chute de globigérines dans l'eau de mer, on ne connaîtra évidemment pas toutes les lois de cette chute dans la mer. Il en sera autrement si, après avoir fait l'expérience à la pression ordinaire, on la recommence à des pressions de plus en plus considérables, puis ensuite à des températures différentes, et si chaque fois on note les variations introduites sous l'influence de chacune de ces variables. À supposer qu'on ait bien opéré et expérimenté séparément tout ce que la raison, le simple bon sens, indiquent comme jouant un rôle dans la descente des poussières à travers l'océan, si l'on vérifie d'abord dans un lac, puis dans l'océan chacune des lois découvertes dans le laboratoire, si on constate qu'elles y sont simplement multipliées par un nombre, coefficient constant de grandeur, les critiques seront réfutées. S'il y a désaccord, on est averti de l'influence d'une variable dont on n'a pas tenu compte et il faudra, après l'avoir découverte, l'expérimenter à son tour. Quand tout le travail sera achevé, il en résultera la preuve que, non pas dans une seule expérience prise isolément, mais dans leur série entière, on est bien adéquat à la nature.

C'est ainsi qu'il convient de considérer l'océanographie qui, guidée par l'idée féconde de n'étudier le passé qu'après avoir compris le présent, a introduit la méthode expérimentale dans toute la portion de la géologie relative aux terrains sédimentaires. Elle est donc bien une branche de cette science.

Quand un voyageur, épuisé par la lente et pénible ascension d'une montagne, finit par arriver au sommet, il lui est doux de s'asseoir sur un quartier de roche et, tout en se délassant de sa fatigue, de contempler la plaine qu'il a traversée, la rivière dont il a franchi les méandres et qui, en ce moment, se déroule si nettement sous son regard, et aussi les terrains difficiles ou dangereux, les sables, les marais dont il est sorti après de rudes efforts. Certains trajets, pendant qu'il les accomplissait, lui ont semblé courts, d'autres lui ont paru bien longs, et maintenant seulement il se rend compte de ce qu'ils étaient en réalité. Il distingue chacune des erreurs qu'il a commises. Si alors, se retournant, il regarde l'autre versant de la montagne, il voit le chemin à suivre pour parvenir en sûreté et promptitude au but de son voyage qu'il aperçoit au loin dans la brume de l'horizon. Ce qu'il a fait lui donne le courage d'achever sa tâche ; la victoire qu'il a remportée sur la fatigue et les obstacles est le gage de sa victoire sur les fatigues et les difficultés de l'avenir. Il prend ardeur, force et espérance. Ce voyageur n'est-il point semblable à l'homme de science dans son voyage, pénible et douloureux comme tout enfantement, vers la vérité lointaine que, dans sa courte vie, il est certain de n'atteindre jamais ? Du moins, il s'en approchera, au prix de ses erreurs ; il a frayé une route ; et ceux qui la suivront derrière lui, profitant de sa peine, le dépasseront. Ils iront plus loin, plus loin, plus loin encore, obéissant à cette soif de vérité que Dieu a mise dans l'âme de chaque être humain comme la marque de sa divine origine et de son immortalité future.

L'histoire d'une science est le prélude nécessaire à l'exposé des œuvres dont elle s'occupe et à l'indication de celles qui lui restent à accomplir. Montrons donc dans l'histoire de l'océanographie comment son développement porte la double marque de l'influence exercée par les diverses sciences sur la science de l'océan et de celle exercée à son tour par cette dernière sur une foule de sciences et d'applications. Il en est de même dans chaque étape du perfectionnement intellectuel de l'humanité. On se figure difficilement la masse, en donnant à ce mot la signification que lui attribuent les physiciens, d'une idée nouvelle qui entraîne à sa suite un véritable monde et en pousse un autre devant elle. C'est peut-être ainsi que s'explique la peine qu'elle éprouve à vaincre les oppositions qui se dressent autour d'elle, faites des résistances d'une foule de gens et de choses qui sentent le moment venu de disparaître après avoir vécu. Rien ne consent à mourir et la routine n'est qu'un instinct de conservation.

L'océanographie est venue doucement. L'esprit humain cherche naturellement les motifs de ce que voient ses yeux et, pour s'en mieux souvenir quand il les a découverts ou seulement soupçonnés, à cause de sa faiblesse même, il se hâte de les condenser sous forme de lois. Les premiers navigateurs ne furent point poussés par la curiosité, incapable de mettre autour des cœurs le triple airain nécessaire pour affronter la mer ; ils eurent pour mobiles l'intérêt, le besoin. Les Phéniciens, sur les flots bleus de la Méditerranée, allaient s'approvisionner d'esclaves et de métaux pour les vendre ailleurs et parce qu'il leur était impossible de demeurer confinés sur l'étroite bande de terre limitée par la chaîne de montagnes les séparant de peuplades ennemies. Les pirates scandinaves, à bord de leurs légers drakkars à la proue recourbée en tête de dragon ou d'oiseau de proie, à travers les vagues glauques et les tempêtes de la mer du Nord, fuyaient une patrie vaste mais inféconde où le temps qu'il était inutile de consacrer à l'agriculture, aux arts tranquilles de la paix, se dépensait à des luttes sociales, à de perpétuels combats, à des victoires et par conséquent à des défaites après lesquelles le vaincu était obligé de se soustraire à la vengeance ou à l'oppression du vainqueur. Tel, il y a peu d'années encore, le Polynésien, chassé par la famine loin de son île devenue trop peuplée, faisait voler sa pirogue à balancier, à haute voile de natte, sur la grosse houle du Pacifique. À tous ces navigateurs, la mer, malgré ses périls, devenait un refuge. Celui qui ne se sent séparé que par quelques planches des abîmes mouvants où son regard s'égare quand, profitant du creux des lames, il essaie d'y pénétrer, comprend que des forces effroyables l'enveloppent, le dominent et que, trop immenses pour être vaincues par aucune puissance humaine, la lutte brutale est interdite et qu'on ne doit en appeler qu'à l'adresse et à la science. Tous les marins sont des savants, les uns peu, les autres beaucoup, selon qu'ils le peuvent, afin de s'expliquer les phénomènes qui s'accomplissent autour d'eux et dont ils seront le jouet s'ils ne se mettent en mesure de les prévoir pour en tirer sûreté d'abord et profit ensuite. Quelle utilité que de savoir les régions probables de calme et d'ouragans, l'intensité et la direction des courants et la liaison mutuelle des phénomènes de la terre, du ciel et des eaux qui permet, l'un d'eux étant observé, de deviner l'autre et de le dompter à l'avance, s'il est à craindre. Plus l'humanité se perfectionnait, plus s'accroissait la somme des faits reconnus, plus il devenait indispensable de les coordonner, plus la légende et l'empirisme se transformaient en science.

Ainsi se passèrent l'antiquité et le moyen âge ; ainsi procédèrent ces rôdeurs de la mer, comme les appelle Michelet : Islandais, Arabes, Dieppois, Basques. On ne saurait admettre que les marins qui sillonnèrent alors l'Atlantique, l'océan Indien et les mers de Chine, soient restés indifférents à des faits favorables ou défavorables dont le profit ou les dangers devenaient pour eux d'autant plus dignes d'attention, que les navires étaient plus petits, moins propres à résister que nos énormes bâtiments actuels, mus par la vapeur. Le faible n'est victorieux que par l'habileté. Quand les hommes du Nord, vers l'an 1000, allèrent de Norvège en Islande, d'Islande au Groenland, et du Groënland au Vinland qui cinq siècles plus tard devait être l'Amérique, ils laissèrent aux localités qu'ils y découvrirent des noms significatifs de leur préoccupation des phénomènes naturels ; Straumsœ, l'île des Courans, Straumsfjorde, la baie des Courans, Straumness, le cap des Courans.

Tout à coup, vers le milieu du XVe siècle, le monde éprouva une grande agitation : la Renaissance faisait sentir son influence sur l'Europe entière. C'était une soif universelle de curiosité, de science, d'ambition, de vie, c'est-à-dire de jouissance et d'or. Il y a de ces époques de fermentation dans la vie des individus comme dans celle des nations. Les premiers besoins étaient satisfaits ; on voulait davantage. La terre était morcelée entre des races diverses, les races divisés en peuples, les peuples en provinces, les provinces en bourgades, en hameaux, en châteaux, tous ennemis les uns des autres, guerroyant, luttant, massacrant et massacrés. La route la moins pénible encore pour les pacifiques ou pour les âmes éprises d'aventures, impatientes d'une ambition trop difficile à satisfaire dans les vieux pays, était encore la mer. Les nations se lancèrent sur les flots. Les unes, Venise, Gênes, cherchèrent la richesse et la trouvèrent, les autres la richesse et la domination sur de vastes contrées. La mer donna la gloire et la fortune, ne demandant en échange presque que de l'audace, et tous les vaillants, quelle que fût leur patrie, montèrent sur des vaisseaux, Portugais, Espagnols, Italiens, Français, Anglais, et un peu plus tard Hollandais. Colomb découvre de nouveau l'Amérique, et sa découverte n'est point l'effet du hasard. À supposer qu'il n'ait pas reçu d'assurance formelle de son existence, il la prévoit, guidé par ses observations et les renseignements océanographiques mutilés, défigurés, quoique néanmoins recueillis et transmis de bouche en bouche. À Porto-Santo, il avait touché une pièce de bois curieusement travaillée que les courants avaient jetée sur la plage et, pendant ses voyages antérieurs, il avait remarqué que les rivages de Norvège, d'Écosse et d'Irlande, sur les côtes faisant face à l'ouest, étaient jonchés de débris d'arbres d'espèces inconnues, arrachés à une terre d'où ils étaient amenés par les flots. Il chercha, lui aussi, cette terre et il la trouva.

Quand il y fut parvenu et que, voulant agrandir le champ de ses découvertes, il navigua dans cette mer qui devait s'appeler la mer des Antilles et le golfe du Mexique, il ne cessa d'observer le mouvement des eaux. À la Bouche-du-Dragon, près du golfe de Paria, il vit le courant tournant à l'ouest ; il le reconnut encore sur la côte du Honduras. Groupant les résultats de son expérience, il formula une hypothèse et admit que la mer, dans sa marche, suivait le firmament d'Orient en Occident. Le véritable père de l'océanographie est le Gulf-Stream. Il semble que les hommes n'aient inventé cette science que pour se l'expliquer, et aujourd'hui même il est le phénomène le mieux étudié et le moins inconnu de l'Océan. Pendant plusieurs années, toutes les navigations espagnoles rayonnent autour d'Hispaniola et de Cuba. Ocampo contourne cette dernière île ; en 1513, Ponce de Léon, ayant pour pilote Anton de Alaminos, qui avait été pilote de Colomb à son dernier voyage, part à la conquête de la fontaine de Jouvence, en Floride, et son navire ne parvient qu'à grand'peine à franchir les eaux qui se précipitent avec une sorte de furie vers le nord. Peu après, Diego Colomb, le fils de l'amiral, recueille ces données, les combine et, comme le raconte Pierre Martyr d'Angleria, il affirme la continuité du fleuve marin et celle du continent qui le borne vers l'ouest et le ramène en sens inverse de sa première direction. La donnée scientifique apparaît. Anton de Alaminos, après avoir accompagné Cordova, puis Grijalva autour du

Yucatan et dans le golfe du Mexique, devient pilote-major de Cortez allant s'emparer de l'empire de Montezuma, et lorsque le conquérant craint d'être arrêté par les jalousies et les intrigues de ses ennemis à Cuba et à Madrid, il charge son pilote de se rendre en toute hâte en Espagne, afin de les déjouer et de porter à la cour des dépêches et surtout des présens. Alaminos est le premier à se servir de sa science. Pour arriver plus promptement, il prend le chemin le plus long et, partant de Vera Cruz, il dirige son navire par le nord de Cuba et le détroit de la Floride. Les trois phases se sont succédé : la découverte océanographique, sa mise en formule avec les déductions qu'on en tire et, en dernier lieu, sa mise en pratique.

Toutes les mers sont parcourues. Barthélémy Diaz reconnaît le cap des Tempêtes ; Vasco de Gama le double et pénètre dans la mer des Indes ; Magellan et son pilote basque, Sébastien del Cano, font le premier voyage autour du monde ; les Cabot, Jacques Cartier, Francis Drake, Hudson, Willoughby et tant d'autres vont de tous côtés, cherchant des empires ou un trajet plus direct vers l'Inde et la Chine par le nord de l'Amérique. La navigation et la géographie ont provoqué les premières observations relatives à la mer. Chaque peuple, qui voyait avec raison un concurrent dans chaque autre peuple, a le plus grand soin de garder le secret de ses découvertes. Le navire carthaginois que suit le bateau romain plus fort que lui, n'hésite pas à se jeter à la côte et à se briser sur les rochers, plutôt que d'enseigner la route du pays de l'étain ; Vasco de Gama, sur son vaisseau de guerre, massacre l'équipage et les passagers du pauvre boutre arabe chargé de pèlerins qu'il trouve dans la mer des Indes. Cependant, malgré tous les efforts, les faits dont on peut tirer parti se divulguent lentement, se répandent, tombent aux oreilles des savants qui les coordonnent et les propagent avec la puissance qu'a créée à la vérité l'art de l'imprimerie qui vient de naître.

L'intérêt et la curiosité s'éveillent à mesure que les connaissances se développent. L'ère des découvertes géographiques passe parce qu'il n'y a plus d'empires à conquérir ; les compétitions s'éteignent d'elles-mêmes et une période s'ouvre pendant laquelle les peuples se prennent de passion pour l'histoire naturelle tandis que les individus portent fièrement le titre de naturalistes. Les voyageurs ont visité des îles et des continents inconnus, leurs yeux ont été émerveillés, on désire à présent dresser l'inventaire des curiosités qu'ils renferment ; on ne pense pas immédiatement à quoi cela servira, on se borne à savoir que cela existe, que les formes des plantes et des animaux sont bizarres, et cela suffit pour qu'on s'y intéresse. C'est l'époque de l'enthousiasme. Du milieu du siècle dernier jusque vers le milieu du siècle actuel, on s'éprend d'idées sociales, d'idées politiques, d'art, de littérature, de science et même de géographie ; on se passionne pour tout ; on jouit sans presque s'en douter, comme les enfants de leur enfance, du suprême bonheur d'avoir une foi, d'en avoir plutôt deux ou trois qu'une seule. De même qu'on se lançait gaiement et vaillamment à la découverte de ce pays d'utopie et de rêve, si anciennement connu et pourtant toujours si nouveau et si plein d'attrait, on partait à travers les océans. On exécuta de grands voyages. En 1772, Cook se rend à Taïti, accompagné du naturaliste Forster, observer le passage de Vénus ; en 1815 le Russe Kotzebue fait le tour du monde sur le *Rurik*, avec le naturaliste Chamisso ; en 1826, le futur amiral Fitzroy, sur le *Beagle*, prend à son bord Darwin : Bougainville sur la *Boudeuse*, de Freycinet sur l'*Uranie*, en 1827, Vaillant sur la *Bonite* en 1836, et d'autres encore étudient l'histoire naturelle de tous les climats et rapportent des collections. Même hardiesse sur terre que sur mer. Victor Jacquemont se rend dans l'Inde, débordant d'ardeur, enivré de l'amour de la science à l'aspect des étrangetés et des grandeurs de la nature.

Ceux dont l'âge dépasse aujourd'hui le demi-siècle ont eu leur enfance et leur jeunesse éclairées des derniers reflets de ces émotions. Nous n'avions pas alors ces encyclopédies de romans scientifiques, quintessence des connaissances humaines contenues en cinq cents pages, comme la viande d'un bœuf entier est concentrée dans un tout petit pot, et nous étions, faute d'une autre nourriture plus ou moins substantielle, obligés d'alimenter notre esprit avec de l'imagination. On commençait par l'histoire de Sindbad le marin, du Vieillard de la mer, de la Vallée aux émeraudes et aux rubis au-dessus de laquelle plane avec de grands battements d'ailes l'oiseau-roc. On continuait par la bibliothèque des voyages, Cook, Dampier, Carteret, Lapérouse, les souvenirs de Jacques Arago, l'aveugle, et les adorables lettres de Victor Jacquemont. Avec des livres d'images — et quelles images — on trouvait le moyen de s'imprégner de l'éblouissante lumière du soleil de l'équateur ; on respirait les senteurs des forêts vierges où les hauts cocotiers font onduler leur panache de feuilles dominant les taillis touffus et les bosquets ombreux au pied desquels, sur la grève en sable fin d'une île déserte, viennent déferler mollement les flots assoupis ; on plongeait ses regards dans les profondeurs sombres des nuits étoilées. C'étaient des festins de la pensée. Sur la page ouverte d'une mappemonde, on rêvait, on courait les mers des tropiques jusqu'aux pôles, bravant les tempêtes et les glaces éternelles, ramassant d'incalculables trésors de poésie, consolation et souvent force de notre âge mûr ; qui après bien des années, dissipés, envolés en fumée légère au vent des tempêtes de la vie, terribles et implacables autant que celles de l'océan, réduits à n'être plus que l'humble denier, aumône de veuve, restent encore la joie et la bénédiction d'une vieillesse qui s'avance à grands pas.

De même que la soif des découvertes s'était assouvie parce qu'il ne restait plus rien à découvrir, celle des curiosités naturelles diminua et finit par s'éteindre à son tour. Beaucoup se lassent de s'enthousiasmer, d'admirer après qu'ils croient avoir tout vu ; on se lasse davantage encore de cataloguer. D'ailleurs il faut tirer des richesses acquises un parti autre que celui qui consiste à donner un nom à chaque objet, à placer des échantillons de minéraux dans des vitrines ou dans des caves, des échantillons de végétaux entre les feuilles du papier d'un herbier, à empailler des animaux et à les aligner dans une galerie. Les idées deviennent plus sérieuses, la poésie et le rêve laissent la place à la science qui, elle aussi, est une poésie et un rêve. L'esprit de l'homme suivant sa pente habituelle désire maintenant grouper l'amoncellement des faits en sa possession par une loi qu'il soupçonne, et l'on va sur le terrain vérifier la loi entrevue dans le calme du cabinet. Cook a déjà observé, c'est-à-dire mesuré, le passage de Vénus, Dumont d'Urville cherche le pôle magnétique antarctique, Sabine, John Franklin se rendent pour le même motif dans les régions arctiques. On ne moissonne plus au hasard, on s'avance vers un but déterminé.

Petit à petit, le progrès de la chimie et de la physique aidant, le besoin de la précision se fait sentir partout. On l'applique à l'océanographie. On ne se contente plus de décrire, on reconnaît qu'il est indispensable de mesurer ; on invente des instruments, on exécute des analyses chimiques, on recueille des chiffres qui sont des faits condensés et la vraie science méthodique, utile, apparaît. En tête de chaque chapitre de l'océanographie, on trouve le nom d'un homme de génie ou de talent et un instrument. Les courants de la mer ont Franklin et le thermomètre, la topographie et la lithologie sous-marines, Buache avec ses cartes par isobathes, Brooke et son déclenchement de plomb de sonde, Delesse avec ses cartes lithologiques ; la chimie de la mer Forchhammer et ses analyses, la thermique Miller-Casella, puis Negretti et Zambra avec leur thermomètre à renversement, l'optique Bérard et son assiette de porcelaine qui devait si peu après devenir le disque de Secchi ; la physique, la mécanique des vagues, Aimé avec l'éprouvette à mercure et l'appareil à boule qu'il essayait en rade d'Alger, les frères Weber avec leur auge. Les documents se résument en graphiques, se perfectionnent, représentent de mieux en mieux et plus exactement la vérité, montrent d'un coup d'œil, sur une feuille de papier, l'image de ce qui s'accomplit sur le globe entier dans chaque ordre de phénomènes, les montrent même plus clairement qu'ils ne s'aperçoivent dans la nature, car, sur le papier, ils sont en quelque sorte disséqués, morcelés pour la plus facile compréhension de leurs composantes : on a le loisir d'examiner à part et en même temps, par superposition de cartes à la même échelle, la densité, la salinité, la température superficielle et profonde, la météorologie, le relief du fond, sa constitution minéralogique, les courants, les vagues et le reste. Ces graphiques donnent le pouvoir de combiner, de comparer, d'analyser, de synthétiser, d'essayer, de résumer de toutes les façons, à l'aise, sans fatigue, sans danger, sans déplacement, sans perte de temps. Le savant tient la nature sans quitter son laboratoire où le monde est venu s'entasser, se montrer dans ses moindres détails et dévoiler ses mystères.

Je n'ai pas parlé de l'auteur de l'océanographie, à la fois théorique et pratique, fondée sur la mesure et l'expérimentation, aussi rigoureuse qu'elle peut l'être de nos jours, à la perfection près des instrumens employés. Marsigli la fonda d'un seul coup. Né Italien, en 1658, successivement ingénieur au service de l'empereur Léopold Ier, esclave en Turquie, membre de l'Académie des sciences de Paris et de la Société royale de Londres, comblé de gloire, ignominieusement dégradé de tous ses titres et honneurs, véritable bohème de science, qui étudia la mer en Provence, publia le premier traité didactique d'océanographie en Hollande et dont Fontenelle prononça l'éloge funèbre. Marsigli surgit tout d'un coup sans avoir eu de maître ni de précurseur. Rien ne manque à son œuvre. Il fut complet — trop complet car s'il fut admiré et apprécié par quelques rares esprits éminents, entre autres l'illustre Boerhaave, il ne fit pas école. L'océanographie, inventée par Marsigli dans les dernières années du XVIIe siècle, tomba dans l'oubli. Un siècle et demi plus tard, vers 1842, son étude fut reprise sans beaucoup plus de succès, par un Français, Aimé. Malgré ces deux hommes de génie qui ne furent que des isolés, le mérite d'importantes découvertes et surtout d'un labeur méthodique et continué sans interruption pendant cent années donne aux États-Unis le droit de se dire les fondateurs de l'océanographie.

Les applications ont suscité de nouvelles découvertes. Les périodes d'ambition, de découvertes géographiques, de découvertes scientifiques, d'observations, de généralisations, d'intérêts commerciaux ou politiques, ne sont évidemment pas nettement tranchées : elles se succèdent en s'entremêlant les unes aux autres. L'esprit retourne plus d'une fois sur ses pas, parce que l'attention est éveillée sur quelque point auprès duquel on avait passé sans y attacher une importance suffisante. Les phénomènes se relient aussi bien que les études qu'ils provoquent. L'industrie des pêches oblige à remarquer le rôle de la constitution des fonds et à observer la lithologie sous-marine parce que la raie habite les vases, la sole les sables, et le rouget les roches ; la zoologie tient à savoir comment sont distribuées dans les eaux la température et la salure ; l'industrie des télégraphes a besoin des cartes topographiques très précises des fonds où elle se propose de déposer ses câbles. Les découvertes se multiplient, et chaque science se développe à travers les générations d'hommes.

Dès qu'une science est à peu près complète, une autre la remplace ou plutôt deux ou trois se fondent ensemble parce que l'on s'aperçoit que des manifestations naturelles, crues d'un ordre différent, dépendent en réalité d'une même loi. L'évolution s'accomplit. La minéralogie n'est plus qu'un chapitre de la physique et de la chimie, la chimie devient de la physique, la physique devient mathématique, l'histoire naturelle se précise, la paléontologie se transforme en paléozoologie, chapitre de la zoologie, et en paléobotanique, chapitre de la botanique, la géologie stratigraphique est de la paléocéanographie et de la paléogéographie, la lumière est de l'électricité ; la vibration rythmée, mesurable et mesurée, l'onde sonore, lumineuse, calorifique, actinique, électrique règne sur l'univers ; les barrières tombent, la matière suit les lois de l'esprit, tout s'avance vers l'unité scientifique comme dans le domaine social tout marche vers l'unité de condition, celle qui assure à tous, de par leur commun droit de vie, le maximum de bonheur compatible avec la condition humaine. Il se fait une splendide unité morale et intellectuelle de vérité, de science, de force et de paix.

Si chaque peuple aspire à ce but final, il y arrive par des voies diverses. En attendant le jour où tous posséderont le même esprit parce qu'ils possèdent les mêmes besoins et le même idéal, ils ne l'ont pas encore. Nous le voyons dans n'importe quelle manifestation littéraire, artistique ou scientifique, nous le reconnaissons dans le mode de développement de l'océanographie. L'Anglais apporte dans ses recherches des qualités de précision et de hardiesse excitées par la pensée d'une utilisation pratique qu'il sait devoir trouver au bout de ses découvertes ; l'Allemand du Nord, son tempérament travailleur, opiniâtre mais lent et diffus ; le Français son caractère prime-sautier, découvreur, original mais sans persévérance, docile à la routine qu'il ne se lasse pourtant pas de maudire. Les nations jeunes profitent de l'expérience de leurs aînées, et comme les fils héritiers des perfectionnements conquis par leurs aïeux, elles naissent déjà douées de la richesse inconsciente d'une valeur qui est celle des générations antérieures. Elles entrent en action avec la fougue, la hardiesse, la puissance de leur jeunesse et par conséquent son succès. Elles prennent le premier rang ou le prendront. En quelques années, elles traversent toutes les phases que les autres ont mis plusieurs siècles à franchir. En océanographie, elles exécutent des voyages de découvertes, font de la géographie, de la science pure, généralisent, trouvent des applications pratiques. C'est ce que montre l'histoire du développement des études relatives à la mer aux États-Unis et en Russie.

www.ingramcontent.com/pod-product-compliance
Lightning Source LLC
Chambersburg PA
CBHW061454180526
45170CB00004B/1695